커피찌꺼기로 짓는
텃밭농사

들어가는 말

커피찌꺼기가 넘치는 세상이다. 그 동안 생활폐기물로 지정되어 천덕꾸러기 신세였지만 2022년 3월 15일부터는 순환자원으로 신분이 바뀌었다. 재활용 가능한 자원으로 격상됐다는 의미다.

커피 한 잔에 필요한 원두는 약 15g이다. 그 중 0.2%만 음용하고 나머지 99.8%는 찌꺼기로 남아 해마다 15만톤이 쌓인다. 환경부는 이를 자원으로 재활용 할 경우 연간 5만톤의 탄소배출량 감소 효과를 기대하고 있다. 참고로 커피찌꺼기 1톤 소각 시 배출되는 탄소 량은 338kg이다.

커피찌꺼기는 볶는 과정에서 탄화되어 탈취제 기능을 갖는다. 잘 말리면 옷장의 습기 제거, 실내 공기 정화, 신발장과 주방, 냉장고안의 냄새 제거용으로 유용하게 쓰인다. 묵은 때, 기름기 제거는 물론 가구 흠집을 없애거나 광택용으로도 효용이 있다. 녹슨 칼이나 바늘에 문질러 주면 녹을 방지할 수 있다.

앞으로 커피찌꺼기 활용도는 더욱 넓어질 게 분명하다. 연필과 벽돌 등 각종 조형물로의 변신은 물론 바이오 연료나 화장품 재료로의 길도 열려 있다.

퇴비로 만들어 쓸 수 있다. 질소성분을 2%나 함유하고 있고 탄질률 또한 20인 점을 감안하면 그 근거는 충분하다. 수분함량도 60% 수준이다. 퇴비제조 조건에 딱 맞는 질기다. pH 즉 산도도 중성에 가까워 농사용 토양과의 친화력도 나무랄 데 없다.

하지만 커피숍에서 배출하는 생 커피찌꺼기를 곧바로 거름으로 쓰기엔 위험부담이 있다. 카페인 성분 때문이다. 카페인이 분해되지 않은 채 흙 속에 들어가면 염류집적이 생긴다. 토양에

염류가 쌓이면 흙 속의 영양분이 결정(염) 형태로 남아서 식물 뿌리가 흡수할 수 없게 되고 그 농도가 심해지면 수분 흡수를 방해해 작물이 말라 죽는 현상이 나타날 수 있기 때문이다. 발효시켜 써야 하는 이유다.

그렇다고 소심해질 필요는 없다. 대안이 있다. 그냥 뿌리면 된다. 작물 밑이든 밭 주변에 흩뿌리면 벌레 퇴치 효과가 톡톡하다.

커피찌꺼기만으로도 텃밭농사는 가능하다. 단 수량의 욕심을 덜어야 한다는 전제는 붙는다. 하지만 커피찌꺼기를 흙으로 돌려준다는 뿌듯함이 보상으로 돌아온다. 탄소중립에 동참하는 길이기도 하다. 이 책이 그 발걸음에 동반자가 되길 희망한다.

차례

1장. 커피퇴비 만드는 법

2장. 벌레 퇴치용

3장. 텃밭 덮개용

4장. 생활찌꺼기 처리용

5장. 이런 명함 어떤가

커피퇴비 만드는 법

떠먹여주는 커피퇴비 제조법

자원순환에 동참하는 길

내가 만든 커피퇴비로 김장을

축분퇴비 양을 두 배로 늘리는 법

신용을 쌓자

마당 쓸고 돈 줍고

액비로 활용하기

떠먹여주는 커피퇴비 제조법

커피찌꺼기가 넘치는 세상이다. 연간 배출량이 15만 톤이니 허풍만은 아니다. 이런 커피찌꺼기도 자원이 된다. 대표적인 게 퇴비로의 변신이다. 환경 부하를 줄이면서도 토양에는 보약으로 쓰인다. 이게 바로 마당 쓸고 돈 줍는 거다.

커피찌꺼기엔 질소성분이 2%나 함유되어 있고 탄질률도 20인 점을 감안하면 그 근거는 충분하다. pH 즉 산도도 중성에 가까워 농사용 토양과의 친화력도 나무랄 데 없다.

만들기도 쉽다. 위생적인 데다가 커피 향까지 은은해 집안에

서도 할 수 있다. 물론 혼자서다. 준비물도 간단하다. 돈도 들

지 않는다.

이렇게 해보자. 뚜껑 달린 스티로폼을 하나 주워온다. 10ℓ 크기가 무난하다. 커피찌꺼기도 얻어 오자. 집 주변 커피숍으로 발걸음 하면 된다. 마지막 준비물이 있다. 커피찌꺼기를 삭힐 발효 촉진제를 말한다.

전용 발효제를 구입할 수도 있지만 일반 퇴비 한 줌으로도 가능하다. 이마저도 어려우면 밭 흙 한 사발로 대체할 수 있다. 산의 부엽토는 훌륭한 대체재다.

준비한 커피찌꺼기와 발효제를 골고루 섞는다. 이때 수분 맞춘다고 애쓸 필요는 없다. 퇴비화 과정에서는 수분 60%를 요구하는 데 커피찌꺼기는 이 정도의 질기로 배출되기 때문이다. 달리 표현하면 촉촉한 정도다.

혼합이 끝나면 뚜껑을 닫고 한갓진 곳에 둔다. 이틀이 지나면 따뜻하게 발열이 감지된다. 발효가 진행된다는 의미다. 보름 간격으로 뒤집기를 한다. 산소 공급을 위해서다. 이때 퇴비 더미가 건조해졌다면 물을 뿌려 재차 촉촉하게 한다. 3회 반복이다.

이후 숙성(한 달) 시켜 사용한다. 이렇게 퇴비로 변신해도 커피 향은 살아있다. 거실 화분에도 넣을 수 있고 텃밭 거름으로도 쓸 수 있다. 아무 때나 할 수 있다. 오늘 당장 시작해도 좋다.

10ℓ 스티로폼에 담은 모습

발효제 투입(퇴비 한 줌)

자원순환에 동참하는 길

커피찌끼기야 말로 버리기엔 아까운 유기물이다. 버리는 그 행위 자체가 자원의 낭비다. 함부로 땅에 묻지도 못한다. 메탄가스 발생으로 지구 온난화에 일조한다는 이유다. 확실한 대안이 있다. 퇴비로 만들어 흙으로 돌려주는 거다.

커피퇴비는 집에서도 만들 수 있다. 누구나 할 수 있다. 쉽고도 간편하다. 냄새도 상큼해 거부감 없이 취급할 수 있음도 착하다. 화초용 거름으로 활용하자. 방법은 간단하다. 커피찌꺼기에 발효제를 섞는 것으로 작업은 끝난다.

퇴비화에 필수 구비 요건은 2가지다. 수분 60%와 탄질률

20~30을 갖추는 거다. 커피찌꺼기는 위 요건을 충족한다. 배출되는 커피찌꺼기는 촉촉하다. 수분 60%를 충족한다. 탄질률 또한 20 내외다. 뭘 넣고 빼고 할 것도 없다. 그냥 쓰면 된다. 탄질률이란 탄소대 질소의 함량 비다.

발효제는 온라인에서 구할 수 있다. 가격도 저렴하다. 발효제 대신 퇴비를 써도 된다. 사진을 곁들여 설명하겠다. 쟁반에 커피찌꺼기를 펴고 퇴비를 첨가한 후 뒤섞는 방식이다. 이 장면에서 발효제는 음식물찌꺼기로 만든 퇴비를 이용했다.

16

혼합비율은 따지지 말자. 발효제인 퇴비를 더 넣거나 적게 들어가도 크게 문제 될 건 없다. 굳이 원한다면 커피찌꺼기 한 바가지에 퇴비 한 줌을 추천한다. 퇴비는 완숙된 제품을 쓰되 풋풋한 흙 냄새가 나면 무난하다.

두 재료를 골고루 섞는다. 맨손으로 해도 된다. 둘 다 위생적인 물질이다. 이제부터 시간의 몫이다. 거실에 두고 생각날 때마다 용기 위아래를 뒤집어 주자. 골고루 발효되고 속도도 빨라진다. 두 달이면 충분하다. 이런 작은 실천 하나가 자원순환에 동참하는 길이다. 환경보호 운동도 거창할 게 없다. 오늘 한 번 해보자.

커피찌꺼기에 퇴비를 섞는다

중앙 갈색 부분이 발효제인 퇴비

혼합 완료 모습

뚜껑 있는 용기에 담는다

내가 만든 퇴비로 김장을

내가 만든 퇴비로 텃밭농사를 지어보자.

첫 술에 배부를 리 없으니 상추 10포기쯤은 어떨까. 에게? 너무 쪼잔하다고? 그렇다면 배추 10포기로 높이자. 김장까지 넘볼 수 있다.

단, 조건이 있다. 퇴비 만들기가 쉬워야 한다는 점이다. 라면 끓이는 실력 정도를 의미한다. 재료도 공짜로 얻거나 저렴해야 함이 원칙이다. 만드는 과정 내내 퀴퀴한 냄새는 물론 날파리 꼬임도 사양하자.

그 답이 바로 커피찌꺼기와 깻묵이다. 둘 다 공짜로 얻을 수

있지만 깻묵은 한 덩어리에 천 원을 받기도 한다. 이 둘을 7:3
으로 섞어보라. 위 조건에 어긋나지 않는 퇴비가 된다. 이때 일
반 퇴비 한 줌을 곁들여도 좋다. 발효속도가 빨라진다.

발효용기는 스티로폼 박스를 추천한다. 각 변의 길이가 30㎝
쯤 되는 걸로 주워오자. 뚜껑 상부엔 구멍을 뚫어 발효열기와
가스가 빠져나가게 하되 바깥에 놔둘 땐 용기 상부 측면에 뚫
길 권한다. 빗물 침입을 막을 수 있다.

(좌)커피찌거기/우(깻묵)

혼합한 모습

스치로폼박스에 담기

이틀 만에 발열 온도가 63℃가 찍힌다. 맹렬히 발효가 진행
되고 있다는 신호다.

완성 모습

발열 온도

발효 모습

뒤집기 모습

보름 후에 뒤집기를 하되 2주 간격으로 서 너 번 반복한다.
이때 내부가 하얗게 말랐다면 물을 뿌려 처음의 질기로 촉촉하게 해주자. 발효과정의 핵심이다. 두 달이면 완성된다.

'내 손으로 만든 퇴비로 김장을_ 멋진 일이다. 시도해보자.

수분 보충

팁 : 농진청 추천 부재료 및 혼합비율

    농진청에서는 커피퇴비 성능 향상을 위해 섞어 쓰면 유용한 부재료 5가지를 선정 발표하였다. 깻묵, 버섯폐배지, 스테비아분말, 쌀겨, 한약재찌꺼기 등이다. 혼합비율은 깻묵과 버섯폐배지와 스테비아분말이 각 30%, 쌀겨와 한약재찌꺼기는 각 40% 다.

예를 들면 이런 식이다.
    ○커피찌꺼기70%+깻묵30%.
    ○커피찌꺼기60%+쌀겨40%

축분퇴비 양을 두 배로 늘리는 법

공장식 축분퇴비.

대부분 발효가 덜 된 미숙퇴비다. 많이 그리고 자주 쓰면 흙은 시름시름 앓게 된다. 병충해를 이끄는 주범이기도 하다. 말이 좋아 퇴비지 질소 농도로 따지자면 화학비료 대비 80%에 육박한다는 주장이 있을 정도로 진하다.

퀴퀴한 냄새도 문제다. 덜 된 발효 탓에 포대 개봉 시 방귀처럼 뿜어져 나오는 가스는 단박에 얼굴을 구겨 놓고 콧속으로 파고든 역한 냄새는 깊숙이 자리한 폐부마저 낡은 빗자루처럼 헝클어 놓는다.

묵묵히 받아들이는 흙의 입장은 또 어떻겠는가. 흔쾌할 리 만무하고 깊은 속병을 유발하기 십상이다. 발효 덜 된 축분퇴비의 맹목적 사용은 이래저래 피해가 크다.

그래서 시도해봤다. 독하면서도 농도 짙은 축분퇴비를 순화시키는 동시에 퇴비 양을 두 배로 늘리는 비법을 의미한다. 간단하다. 축분퇴비와 커피찌꺼기를 일대일로 섞어 재차 발효시키는 거다.

이번 작업에서는 내부 용량이 50ℓ 들이 스티로폼 박스를 발효통으로 이용했다. 축분퇴비 한 포와 커피찌꺼기 20kg을 골고루 섞어 발효통에 넣는 것으로 작업은 끝이다.

수분 60%를 맞추겠다고 계산할 일도 없다. 커피찌꺼기가 품고 있는 물기로 충분하다. 복잡하게 탄질률도 따지지 말자. 커피찌꺼기는 이미 탄질률 20 내외로 배출되니 말이다. 두 재료를 섞고 발효통에 넣고 조용히 기다리면 된다.

3일이 지났다. 발효통 뚜껑을 여니 후끈한 열기가 얼굴을 감

싼다. 두 재료가 한 몸으로 뒤엉키며 내부 온도를 60℃ 이상으로 훌쩍 올린 결과다. 발효가 잘 되고 있다는 청신호인 셈이다.

보름 간격으로 두 번 뒤집었다. 커피찌꺼기를 만난 미숙퇴비(축분퇴비)는 시골소녀인 양 다소곳해졌다. 역하게 풍기던 냄새가 구수해졌고 손에 잡히는 촉감 또한 부드러워졌음이 그 증거다.

당연히 질소 농도는 낮아졌을 테고 깊숙이 박혀 있던 찜찜한 각종 화학물질의 잔류 함량도 가벼워졌을 게 분명하다. 발효도도 서운치 않은 수준이다.

보름 후 마지막 뒤집기로 작업은 끝이다. 손쉽게 퇴비 양을 두 배로 늘리는 방법이다. 흙도 편안해진다. 땅심도 오른다. 참 먹거리의 소출로도 이어지니 일석삼조 이상이 아니겠는가?

위 방식은 커피찌꺼기의 또 다른 효용이다. 텃밭에서 응용할 수 있다. 텃밭농부라면 시도해보자. 복잡한 이론과 공식도 필요 없다. 탄소중립도 멀리 있는 게 아니다. 텃밭 농부가 앞장 서면 된다.

(좌)축분퇴비/(우)커피찌꺼기

혼합과정

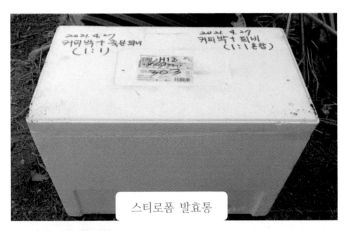

스티로폼 발효통

1차 뒤집기

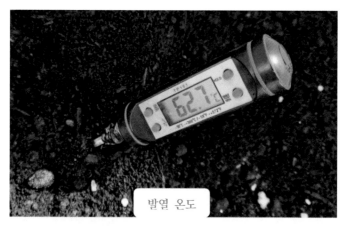
발열 온도

2차 뒤집기

신용을 쌓자

커피전문점에서 주기적으로 커피찌꺼기를 받아왔다면 손가락 굽는 겨울철에도 빠짐없이 가지러 가는 게 좋다. 신용이 굳건해진다. 필요할 때만 가지러 간다면 매번 아쉬운 소리를 해야 될지도 모르기에 그렇다.

하지만 겨울이 문제다. 받아와도 딱히 쓸 데가 마땅치 않기 때문이다. 그런 고민이라면 이렇게 해보라. 텃밭 한 귀퉁이를 할애해 봉분처럼 쌓아라.

쌓는 중간중간 마른 풀을 넣는 방식으로 한다. 텃밭 나들이 겸해서 추천할만하다. 내 경우 보름에 한번 꼴로 20㎏씩 받아다 퇴비 더미에 추가한다. 내리는 비의 양이 많지 않은 겨울엔 퇴비 더미를 굳이 덮지 않아도 좋다. 소량의 눈과 비는 그냥 맞히도록 한다. 시작할 땐 바닥을 조금 불룩하게 하는 것도 잊지 말자. 오목하면 물이 고여 부패하거나 발효가 늦어질 수 있다.

이렇게 쌓다 보면 어느새 봄이다. 본격 농사철에 요긴하게 쓸 수 있다. 신용이 쌓이고 질 좋은 퇴비도 쌓인다. 이게 바로 꿩 먹고 알 먹고 하는 식이다.

먹다 남은 모든 음식물찌꺼기가 퇴비가 된다. 건강원에서 배출하는 약재 부산물도 얻어오고 한의원의 한약재찌꺼기도 데려오자. 척척 쌓는 노력으로 족하다. 텃밭이 자원순환의 출발점이다.

마른 풀과 커피찌꺼기를 켜켜이 쌓는 모습

35

마당 쓸고 돈 줍고

  칭찬할 수 있다.

커피찌꺼기로 만든 퇴비 효능을 말함이다. 모종판에서 크고 있는 옥수수 모종에 써봤다. 웃거름 형식으로 모종 밑동에 반 스푼 분량을 얹고 물을 주어 밑으로 스며 들게 하는 방식이었다.

  결과는 흐뭇하다. 하늘 향해 펼친 연녹의 이파리 성장세가 눈에 보일 정도라서 그렇다. 불과 하루 만이다. 결코 허풍이 아님을 믿어도 좋다.

  축분퇴비의 퀴퀴한 냄새와는 거리가 멀다. 커피퇴비는 흙 냄새가 난다. 질리지 않는 풋풋함이다. 숲의 부엽토와 견줄 수 있다. 집에서도 안심하고 쓸 수 있다는 반증이다. 애지중지하는 화분 분갈이 때도 써보라. 내 손으로 만든 커피퇴비라면 애정은 두 배로 높아질 게 분명하다.

텃밭농부라면 커피찌꺼기로 퇴비를 만들어 보길 권한다. 마당 쓸고 돈 줍고 칭찬받는다. 탄소중립 정책에 동참하는 길이기도 하다.

노파심에 얘기하건대 커피퇴비의 질소 함량이 어떻고 유기물 함량은 얼마냐라는 과학적인 잣대는 굳이 들이대지 말자. 어떤 퇴비보다 소박하고 안전하고 살뜰하다. 찌꺼기도 자원이다. 텃밭농부 앞에 쓰레기란 없다

커피퇴비 투입 모습

커피퇴비 투입 하루 경과 모습

액비로 활용하기

커피찌꺼기를 퇴비로 만들어 쓰자고 했었다.

만드는 방법도 식은 죽 먹기보다 더 쉽고 퇴비 쓰임새 또한 맥가이버 칼에 버금간다. 화분 분갈이 때 거름으로 보탤 수 있고 웃거름용으로도 간편하다.

커피퇴비는 풋풋한 흙 냄새가 가득해 코에 대는 순간 벌렁대는 가슴은 잔잔한 호수처럼 가라앉고 마스크에 짓눌렸던 폐부는 숲 속에 들어온 듯 초록초록해진다.

더 요긴한 방법이 있다. 액비로 쓰는 거다. 특히 모종 키움용으로 추천한다. 이렇게 해보라. 완성된 커피퇴비를 국물 내는 다시 팩에 담고 조그만 물통에 넣은 후 일주일쯤 우려내자. 내 방식은 이렇다. 뚜껑 있는 1 ℓ 들이 용기에 물을 가득 담고 명함 크기만 한 다시 팩에 2스푼 분량의 커피퇴비를 넣은 후 용기에 투입하는 걸로 끝이다.

휘저을 필요도 없다. 따뜻한 거실 구석진 곳에 두면 연한 커피색의 액비로 변한다. 나쁜 냄새 걱정은 접어도 좋다. 이 액비를 맹물 대신 쓰는 거다. 자라는 모종이 환호한다. 희석할 필요 없다. 커피퇴비 액비로 모종을 키워보자.

집안에서는 햇볕 쪼임에 한계가 있음을 감안해서 수량을 정해야 한다. 노지 텃밭에서도 적용이 가능하다. 작물 성장에 맞춰 웃거름용으로도 든든하다.

다시 팩에 담는 모습

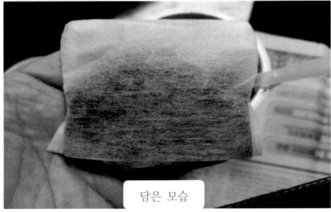

담은 모습

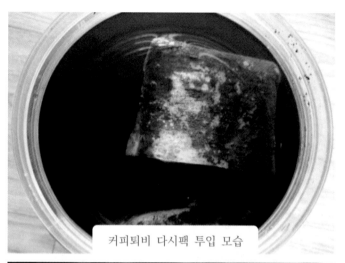

커피퇴비 다시팩 투입 모습

완성된 액비

액비로 키우는 호박 모종

액비로 키우는 고추 모종

43

팁 : 커피퇴비 사용법

밑거름과 웃거름으로 사용할 수 있다. 화분의 겉흙을 살짝 일구고 커피퇴비를 넣은 후 흙으로 덮는 방식이 좋다.

○화분 크기에 따른 추천 사용량

　소 화분(직경15㎝ 내외) 5스푼

　중 화분 (직경20㎝내외) 7스푼

　대 화분 (직경30㎝내외) 10스푼

○작물별 추천 사용량

　엽채류 : 상추, 시금치 등 : 용토량의 10%

　과채류 : 고추, 딸기 등 : 용토량의 15%

　근채류 : 마늘, 양파 등 : 용토량의 15%

45

커피퇴비 사용 효과(농진청 연구자료)

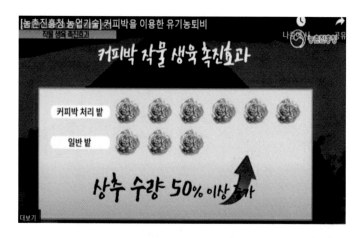

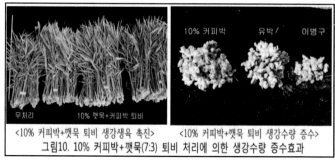

<10% 커피박+깻묵 퇴비 생강생육 촉진>   <10% 커피박+깻묵 퇴비 생강수량 증수>
그림10. 10% 커피박+깻묵(7:3) 퇴비 처리에 의한 생강수량 증수효과

표 12. 커피박퇴비 토양처리에 의한 상추수량 증수효과

처리(v/v)	포기 무게(g)	뿌리 무게(g)	뿌리길이(cm)	수량(kg/3.3m²)
10% 커피박+ 깻묵(7:3)	31.9±2.4	2.7±0.3	22.6±2.4	2.1±0.2
10% 유박(관행)	21.2±2.3	1.6±0.2	18.1±1.7	1.4±0.1

표 7. 유기자재 혼합 커피박 퇴비 상추 토양처리에 따른 식물 병원균의 밀도변화

처리(v/v)	토양 병원균 밀도(cfu/g)			
	모잘록병 (*Rhizoctonia solani*)	균핵병 (*Sclerotinia sclerotiorum*)	시들음병 (*Fusarium oxysporum*)	뿌리썩음병 (*Pythium* sp.)
10% 커피박	11.3±1.5	5.0±1.0	5.7±0.6	2.7±0.6
10% 커피박+ 버섯(7:3)	9.0±1.0	0.3±0.6	0.0±0.0	0.3±0.6
10% 커피박+ 깻묵(7:3)	6.0±1.0	0.3±0.6	0.7±1.2	0.3±0.6
10% 유박	41.0±6.0	48.0±2.0	25.7±4.5	7.7±2.5

커피퇴비 효과 요약

○작물 생육 촉진 기여

○항균력 함유로 토양병 방제 효과

○달팽이 퇴치 효과

[커피찌꺼기 활용법]

커피퇴비 만들기부터 벌레 퇴치까지
100% 활용하기

★유튜브 자구 TV★

벌레 퇴치용

텃밭에서 달팽이를 내치고 싶다면

달팽이.

텃밭의 채소를 갉아먹어 부아를 부추기는 존재다. 야행성으로 방제가 쉽지 않아 더더욱 밉상이다. 특히 배추 겉잎에 잘 달라붙는다.

약제로 처리하는 게 편한 방법인 줄 알지만 선뜻 내키지 않고 손으로 잡는 것도 한계가 있어 이래저래 속앓이만 깊어진다. 이럴 때 커피찌꺼기를 써보라. 달팽이 개체 수가 확실히 준다. 방법도 쉽다. 작물 밑동에 커피찌꺼기를 뿌리면 간단하게 해결할 수 있다.

달팽이가 커피찌꺼기에 절절 매는 이유가 있다. 커피찌꺼기에 함유된 폴리페놀 성분 때문이다. 달팽이 육신을 녹이는 독성으로 작용한다.

배추모종 밑에 뿌린 커피찌꺼기

맥주 트랩을 이용하는 방법도 있다. 달팽이가 맥주 향을 좋아하는 습성을 이용하는 거다. 페트병을 반으로 잘라 절반쯤 맥주를 붓고 커피찌꺼기 한 수푼 분량을 채우면 트랩이 완성된다. 이 트랩을 배추밭 곳곳에 묻는다.

맥주 향에 홀린 달팽이는 트랩에 빠지고 커피찌꺼기에서 녹아 나온 폴리페놀 성분에 의해 생을 마감한다. 하지만 위 방법은 맥주 값이 들어간다. 차라리 밭 전면에 커피찌꺼기를 넉넉하게 뿌리는 품을 들이도록 하자. 효과가 있다.

자른 페트병에 커피찌꺼기와 맥주를 담는다

배추 밭에 묻은 모습

커피찌꺼기 달팽이 트랩(농진청)

팁 : 달팽이 유인트랩 만들기(농진청 자료)

빈 페트병을 이용한다. 땅에 묻힐 부분을 10센티쯤 남기고 윗부분에 달팽이가 잠입할 수 있도록 기둥 되는 부분을 남기고 4면을 잘라 문을 만든다.

완성된 유인트랩에 맥주 1컵을 붓고(종이컵) 커피찌꺼기를 한 스푼 넣는다. 먹다 남은 맥주가 효과적이다.

설치 시기가 중요하다. 해질 무렵 채소밭에 2m 간격으로 설치한다. 달팽이는 야행성이다. 수시로 맥주만 보충해도 효과를 볼 수 있다.

<맥주를 이용한 달팽이 유인>　　<페트병을 이용한 달팽이 유인트랩 >

진딧물이 뭔데 진딧물?

진딧물 그 딴 거 모른다.

벼룩잎벌레? 그 녀석들도 꼬리를 감춘 지 오래다. 민달팽이? 어디서 숨어 지내는지 알지 못한다.

이게 뭔 소린가? 커피찌꺼기의 벌레퇴치 효과를 칭찬하는 말이다. 이는 적양배추와 열무를 키우면서 확인할 수 있었다. 벌써 6년째다.

십자화과 작물은 진딧물의 집합소라 할 정도로 많이 꼬인다. 농약의 유혹을 뿌리칠 수 없는 이유다. 열무는 톡토기나 벼룩잎

55

벌레에 속수무책이다. 이럴 때 작물 주변으로 커피찌꺼기를 뿌려주면 든든한 호위병을 주둔시키는 효과가 난다.

모종 심을 때부터 뿌리 주변에 빙 둘러 커피찌꺼기를 뿌려보라. 위 내용이 허풍이 아님이 증명된다. 커피찌꺼기가 토해내는 강렬한 커피 향이 벌레들을 쫓아내는 것으로 보인다.

일종의 기피제라 할 수 있다. 부작용이 없는 점 또한 착하다. 땅속에 넣지 않는 한 걱정은 접어도 좋다. 작물 주변으로 뿌리라는 의미다. 모든 작물에 효과가 있다. 상추 밑에 뿌리면 민달팽이 개체 수를 줄일 수 있고 고추 주변으로도 효과적이다.

단, 기억할 게 있다. 거름을 덜 주면 효과가 더 좋다는 사실이다. 거름기가 많으면 벌레 꼬임도 는다. 또 있다. 커피찌꺼기만으로는 배추흰나비 방제는 어렵다. 방충망의 도움을 받도록 한다.

맨땅 위에 뿌리는 것보다 두툼하게 덮은 유기물 멀칭 위로 흩뿌리길 권한다. 입자가 고운 커피찌꺼기가 지표면을 덮고 있

으면 토양의 숨구멍이 막힐 위험성이 커지기 때문이다. 단골 커

피전문점도 정해 놓자. 요긴한 농자재가 된다.

적양배추 하단에 뿌린 커피찌꺼기 모습

진딧물없이 말끔하다

커피찌꺼기 호위를 받으며 싱싱하게 크는 열무

벼룩잎벌레 피해도 현저히 준다

단호박 모종 밑에 뿌린 모습

옥수수 모종 밑에 뿌린 모습

벌레 피해를 줄이는 법

가을 배추농사, 의외로 까다롭다.

날씨 영향이 큰 데다가 벌레 피해도 만만치 않아서다. 배추는 서늘한 기후를 좋아한다. 강원도가 배추 주산지로 우뚝 선 건 그런 이유다.

중부지역을 보자. 8월 중순부터 모종이 들어간다. 소설 절기 즈음에 김장을 맞추다 보니 그렇다. 하지만 날씨가 변수다. 삼복에 버금가는 더위가 이어지는 데다 장마 기간과도 겹친다.

배추는 날씨가 뜨거우면 뿌리 활착이 더디다. 이때 장맛비라도 쏟아지면 속수무책이다. 절반 이상이 널브러진다. 목숨을 부지한 나머지 모종들도 몸을 사려야 한다. 활동력이 극에 오른 벌레들의 만행이 이어지기 때문이다. 물어뜯고, 할퀴고 심지어는 참수까지 저지른다. 이때가 농약을 외면하는 농부들에겐 시련의 시기다. 최소한 한 번 이상의 보식을 각오해야 한다.

이제는 저런 고통에서 벗어나자. 해마다 반복되는 저 고통을 피해가는 방법이 있다. 재배시기를 조금 늦추면 된다. 아주심기를 백로(9/8일경) 절기에 하자는 거다. 이때는 밤 기온이 떨어지고 벌레 개체수도 감소한다. 자연히 벌레 피해 걱정을 던다.

단, 배추 크기는 조금 작다. 속도 덜 차는 아쉬움이 있다. 대신 웃거름 주기에 충실하자. 틀림없이 보답한다. 농약의 유혹을 떨칠 수 있음은 안심이다. 배추 본연의 맛을 되찾을 수 있음도 흐뭇하다.

이때 하나의 공정을 추가하자. 커피찌꺼기와 페트병활용 하기다. 효과가 두드러진다. 이렇게 해보라. 우선은 백로 절기에 맞춰 모종을 키우도록 한다. 커피찌꺼기와 절반으로 자른 페트병과 거름망을 준비하자.

 방법은 이렇다. 아주심기 하면서 배추모종 밑동에 커피찌꺼기를 뿌린 후 자른 페트병 상부를 방충망으로 씌우고 모종을 덮는 방식이다. 사진을 보면 쉽게 이해할 수 있다.

배추모종 밑에 뿌린 커피찌꺼기 모습

방충망을 씌운 페트병으로 덮은 모습

벌레 피해없이 건강하다

이후 배추 몸집이 커져 페트병이 좁아지면 벗기고 전체 방충
망을 씌운다. 배추 흰나비가 보이지 않을 때까지 보호가 필요하

다. 텃밭에서 소량(20포기 정도) 재배할 땐 이 방법을 권한다.

무를 키울 때도 적용할 수 있다. 두 달 전에 준비해 논 밭에 무 씨를 넣었다. 흙에 살갗처럼 달라붙은 유기물 멀칭을 드문드문 열고 4점씩 점뿌림했다. 줄뿌림이 대세지만 난 점파를 선호한다. 솎는 노력을 아끼면서도 커피찌꺼기와 페트병의 도움을 받기 위한 전략이다.

파종 후엔 커피찌꺼기와 상토 혼합물로 복토했다. 발아율은 높아지고 벌레피해를 줄일 수 있다는 믿음에서다. 복토 후 페트병으로 만든 고깔을 파종 부위에 씌웠다. 우산 역할을 해 폭우에도 씨앗 유실 걱정이 없을뿐더러 본 잎이 나올 때까지 벌레 침입 차단 효과가 톡톡하다. 보온 기능은 덤이다.

마지막 공정이다. 밭을 덮고 있는 유기물 위로 커피찌꺼기를 골고루 뿌린다. 이 또한 벌레 차단을 위한 조처다. 이틀 만에 연두색 어린 싹이 올라왔다. 이후 성장세를 보아가며 솎음 작업을 하고 일부 충실한 모종은 이식할 수 있다.

유기물멀칭 부위를 드문드문 벌려 논 모습

점파한 무 씨

혼합물로 복토한 모습

페트병 고깔 씌운 모습

발아 3일차 모습

커피 향의 효과일까?

커피 향의 효과일까?
살리고 텃밭의 작물마다 벌레 피해 흔적이 보이지 않는다. 단순하게 작물 밑동에 커피찌꺼기를 뿌렸을 뿐인데 말이다. 신기하고도 흐뭇한 일이다.

떡잎 나올 때부터 톡토기에게 시달림을 피할 수 없는 열무지만 마치 농약을 친 것처럼 온통 싱그럽고 얼갈이배추 또한 덩달아 청춘이다. 진딧물 잘 꼬이는 양배추 품 안도 푸릇푸릇 말끔하고 직파한 토종고추의 새순도 두 팔 들어 한껏 기지개를 켠다.

열무

얼갈이배추

고추

달팽이가 모여들었던 또 다른 텃밭의 상추 밭에도 커피찌꺼
기의 진가는 발휘되었다. 상추 포기 사이에 고속도로를 내듯 생
커피찌꺼기를 뿌렸었고 이틀 후 살펴보니 개체수가 확연히 줄
었음이 확인되었다.

긍정적인 점이 또 하나 있다. 작물의 성장에는 부정적인 영향
을 주지 않는다는 사실이다. 지금까지는 그렇다. 대파모종 심은
직 후에 뿌린 커피찌꺼기도 뿌리 활착하는데 지장이 없었고 직
파한 시금치가 성장하는데도 아무런 지장이 없었다.

아직 속단하기는 이르다. 과학적으로 규명된 사실도 아니다.
하지만 커피숍에서 배출되는 커피찌꺼기는 위생적인 자연물
이다. 그것도 콩과 작물의 부산물이다.

과도하게 사용하지 않으면 문제될 게 없을 것 같다. 시간은
걸리겠지만 남김없이 작물의 영양분으로 분해될 테고 궁극적으

론 흙으로 돌아갈 테니 말이다.

대파 모종

시금치

폐기물인 커피찌꺼기를 얻어 와 텃밭에서 뿌리는 행위는 분명 꿩 잡고 매 잡는 일이 된다. 그냥 그대로 뿌리자. 집 가까운 곳의 커피전문점을 지정하고 모아달라고 부탁하면 흔쾌한 답변을 들을 수 있다.

텃밭농사 고수되는 법

텃밭농사 고수가 되는 핵심 두 가지 기술.

작물이 풀과의 경쟁에서 밀리지 않게 하는 일과 벌레 피해를 최소화시키는 노력이다. 그렇다고 풀과 벌레를 면도하듯 말끔히 밀어내자는 게 아니다. 현명하지도 않다. 화학물질의 유혹을 뿌리치기도 어렵다.

이렇게 해보라. 작물이 어릴 적엔 풀과 함께 자라게 하되 풀이 작물을 가릴 시점에 낮게 베거나 드문드문 뽑아서 그 자리에 깔아주는 전략을 권한다. 햇빛 경쟁에서 눌린 풀은 다소곳해지기 마련이다.

풀과 경쟁하면서 자란 작물은 뿌리에 힘이 붙고 지상부도 꼿꼿해진다. 벌레 피해 예방은 커피찌꺼기 도움을 받자. 씨를 뿌리거나 모종을 심을 때부터 주변에 뿌리면 효과가 있다.

커피전문점에서 배출한 그대로 써도 무방하다. 굳이 말리지 말라는 의미다. 커피 향과 폴리페놀 성분에 의한 방제효과가 기대 이상이다. 특히 톡토기와 민달팽이 피해가 감쪽같이 사라진다.

커피찌꺼기와 퇴비를 섞어 뿌려도 좋다. 웃거름 주는 형식이다. 커피찌꺼기는 방제 효과를 발휘하고 퇴비는 양분 공급 역할에 충실하다. 난 1:1 비율을 선호한다. 꼭 기억할 게 있다. 커피찌꺼기 단독이든 퇴비 혼합물이든 흙 속에 넣지 말라는 거다. 작물 주변에 뿌리는 전략이다.

풀 때문에 한숨 난다면

텃밭이 풀밭으로 변했다고 한숨이 나는가?
걱정 마시라. 묘책이 있다. 풀을 거름으로 활용하면 된다. 당연
히 풀 뿌리까지 양분으로 쓸 수 있다.

이렇게 해보자. 우선 풀을 잘라 눕히도록 한다. 낫질이 서툴
다면 전지가위를 이해도 좋다. 최대한 뿌리 가까이 자른다. 굳
이 뿌리를 뽑으려고 애쓰지 말자. 흙 속에서 삭으면 자양분으로
요긴하다. 근권에 공생하는 토양미생물들을 보호하는 길이기도
하다.

풀 베는 작업이 끝나면 벤 풀을 그 자리에 골고루 펼치고 커피찌꺼기와 퇴비를 절반씩 섞어 훌훌 뿌린다. 잘라 낸 풀과 한 몸이 되어 질 좋은 거름으로 변신한다.

무성하게 자란 풀

자른 풀을 골고루 펼친다

80

커피퇴비와 퇴비 혼합

혼합물을 자른 풀 위로 뿌린다

촉촉이 물을 뿌린 다음 햇볕이 차단되는 방수포로 덮는다. 검정 비닐도 상관없다. 보름 정도 지난 후 덮개를 벗겨 보라. 모종 들어갈 부위만 구멍을 내고 원하는 모종을 심을 수 있다. 큰 면적은 어렵지만 한 평 정도라면 시도할만하다.

물을 뿌린다

햇볕 차단되는 덮개로 덮는다

풀도 잡으면서 밭갈이 노동력까지 줄일 수 있다. 흙이 부슬부슬 살아나는 계기가 된다. 춘분이 지나고 있다. 지금 하자. 풀이 살아야 흙이 사는 법이다.

배추모종 심을 땐 이렇게

조금 늦게 심는다.

중부지방 경우 8월 말부터 9월 초 사이다. 벌레 피해를 줄일
수 있어서다. 푹푹 찌는 습한 날씨도 한풀 꺾일 때를 노리자.

이렇게 해보자. 모종 들어갈 자리를 손바닥 넓이로 일군 다음
완숙퇴비와 커피찌꺼기를 반씩 섞어 밑거름처럼 넣은 후 주변
흙으로 덮고 그 위에 배추 모종을 심는 식이다.

배추모종 심은 아래로는 커피찌꺼기를 뿌린다. 톡토기 등 땅
에 기생하는 벌레들의 기피제 역할을 한다. 뿌리가 잡힐 때까지

는 플라스틱 물병을 반으로 잘라 보호 컵으로 쓰자. 흰나비 접근도 막고 갑자기 퍼붓는 비로 인한 피해를 줄일 수 있다.

배추 성장 중간중간에 커피찌꺼기를 뿌리고 배추 몸집이 커지면 방충망을 씌우도록 한다. 시기에 맞춰 웃거름도 챙기자. 겨울 양식이 풍족해진다. 배추 포기수가 많아도 이 방식을 확장할 수 있다.

물론 텃밭농사 얘기다. 아래 사진은 실제 적용한 사례를 시간대별로 정리한 자료다. 텃밭이 생명터다. 참 먹거리의 출발선이기도 하다.

퇴비/커피찌꺼기 혼합물을 모종 앉힐 자리에 넣는다

배추모종 심은 모습

배추모종 주변에 뿌린 커피찌꺼기

반으로 자른 페트병을 씌운다

벌레피해없이 깨끗하다

성장 과정에도 뿌린다

두더지 몰아내기 I

딱히 예뻐하지는 않는다.

그렇다고 마냥 미워할 수만도 없는 두더지. 동전의 양면을 닮았다. 토양을 부드럽게 해주는 측면에선 고맙고 작물을 들뜨게 해죽이는 행위는 괘씸하다.

인위적 살생은 염두에 두지 않았기에 그냥 저냥 같이 살기로 맘 먹었다가도 두더지 굴에 걸려 픽픽 쓰러진 작물을 보면 은근히 부아가 치민다.

두더지 퇴치 비책이라고 알려진 바람개비도 달아보고, 지지대 위에 페트병을 꽂아도 보았으며 심지어는 두더지가 파 논 구멍

입구에 밤송이도 묻어 봤다. 하지만 효과와 효용성 면에서 검증하기가 어려웠다. 또 다른 방법을 시도해봤다. 두더지는 냄새에 민감하다는 속설에 따라 돈 주고 산 화득내 가득한 제품을 밭 중간 중간에 묻어도 봤고 역한 냄새의 최고봉인 깻묵 액비도 뿌려봤다.

그렇지만 이마저도 기대치를 확신하기엔 의문점이 많았다. 그런데도 정로환이나 공업용 폐 기름 그리고 개 뼈다귀 같은 물건들을 추천하는 걸 보면 두더지가 냄새에 민감한 것이 허풍만은 아닌 듯 하다.

그래서 생각해낸 것이 커피찌꺼기다. 커피찌꺼기에서 풍기는 강력한 커피 향이 두더지에겐 두려움으로 다가가지 않을까? 하는 하는 생각에서다.

생각하면 즉시 행동하는 게 내 방식이다. 커피전문점에서 얻어 온 커피찌꺼기 케익으로 마늘 밭을 포위하듯 빙 둘러 묻었다. 설령 두더지퇴치에 효과가 없더라도 밭의 거름으로는 쓰이겠지 라는 기대 때문이다.

헌데 찜찜한 부분이 있다. 두더지도 제 땅에서 맘 놓고 살 권리가 있다. 원래 땅 속은 두더지 영토가 아니던가. 저 삶터마저 빼앗으려는 심보는 과연 옳은가 해서다.

커피찌꺼기 케익

커피찌꺼기 케익 묻은 모습

두더지 몰아내기 Ⅱ

　커피찌꺼기로 두더지 퇴치 효과를 볼 수 있을까?

그래서 시도해봤다. 온갖 정성을 들여 파종해도 씨가 서지 않을 때 두더지 굴을 의심해야 한다. 거의 백 퍼센트라고 보면 된다. 기껏 발아에 성공한 씨앗도 뿌리 내림이 어려워 그마저도 오래 못 간다. 파종 골 아래 터널처럼 뚫린 구멍으로 들락거리는 바람이 땅속 수분을 차단하기 때문이다.

　지난 3월의 일이다. 발아테스트 할 과제가 있어 아래사진처럼 시험 밭을 만들고 쑥갓을 줄뿌림 했다. 열흘이 지나자 싹이 올라왔다. 그와 동시에 두더지 굴도 주먹만한 크기로 뚫려 있었다.

시험텃밭 우측 가장자리에 뚫려 있었던 두더지 굴을 발로 뭉개고 파종을 했었는데 두더지는 자기가 개척해 본 길을 포기하지 않았다. 똑 같은 자리에 똑같은 크기로 또 뚫었다. 흙으로 다시 메꿔봤지만 어김없이 또 뚫렸다. 두더지는 그 길이 자기만의 안전한 이동 통로로 생각했었나 보다.

작전을 바꾸기로 했다. 커피찌꺼기로 두더지 굴을 봉쇄하는 거다. 두더지 굴에 커피찌꺼기를 부어 넣으면서 막대기로 우겨 넣었다. 두더지가 냄새에 민감하다는 속설을 확인해보고 싶은 생각도 한 몫 했다.

두더지는 커피 향이 무서웠을까? 커피찌꺼기 욱여 넣은 곳은 일주일이 지났는데도 멀쩡했다. 효과가 있어 보인다. 하지만 또 다른 걱정이 떠오른다. 두더지가 즐겨 다녔던 이 굴로 못 다니면 또 다른 굴을 파면서 설칠 게 분명해 보이기에 그렇다.

어쨌든 두더지 굴에 커피찌꺼기를 투입하는 작전은 효험이 있음을 확인했다. 소득이다.

두더지 굴

커피찌꺼기로 막은 모습

텃밭 덮개용

커피찌꺼기를 복토용으로

상토와 커피찌꺼기를 만나게 하라

상토와 커피찌꺼기가 만나면

믿는 자에게 소출이 있나니

뿌리니 좋더라

커피찌꺼기를 하이킥한 생명들

햇볕 땡기는 법

부천상동호수공원

곳간에서 인심 나듯

무릎담요 덮어주기

커피찌꺼기를 복토용으로

복토(覆土)란 씨앗을 뿌린 후 흙으로 덮어주는 작업을 말한다. 발아에 필요한 토양의 수분을 간직하면서 비바람에 의한 씨앗의 유실을 막기 위함이다. 일반적 복토 방식은 호미로 골을 탄 후 씨앗을 뿌리고 주변 흙으로 덮는 식이다.

이때 문제가 되는 게 잡초 씨앗의 발아를 촉진하는 점이다. (호미질에 의해 흙 속에 묻혔던 잡초 씨앗이 노출되어 빛을 보기 때문이다) 복토는 덮는 두께가 중요하다. 발아와 생육에 영향을 미치기에 그렇다. 가능한 얇게 하길 권한다. 흙 표면이 마르지 않을 정도면 된다. 발아 초기부터 뿌리의 힘을 키우자는 거다.

조금은 목말라야 뿌리를 튼튼하게 내리는 법이다. 목마른 자가 샘 파는 이치와 같다. 너무 두터우면 발아율이 떨어지고 생육 또한 부실해진다. 새싹이 밀고 올라오는 과정에서 많은 에너지를 소모하기 때문이다.

복토용으로 커피찌꺼기를 쓰면 어떨까? 문제 없다. 아래 사진은 커피찌꺼기를 활용한 예다. 상토 위에 배추씨를 뿌린 후 손바닥으로 살짝 눌러 진압한 다음 커피찌꺼기로 씨앗이 안 보일 정도의 두께로 덮었다. 일종의 복토다. 커피찌꺼기는 말려 쓰도록 한다. 그래야 얇고도 골고루 덮을 수 있다.

결과 어땠을까? 이틀 만에 싹이 올랐다. 싱싱하고 당찬 모습이다. 이렇게 키우다가 본 잎이 출현하면 트레이포트에 옮겨 심고 20일 경과 후 본밭으로 내보내면 된다.

배추씨앗 파종 모습

커피찌꺼기로 복토

빛 차단(1일)

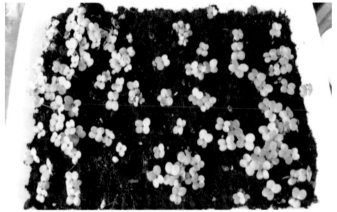

상토와 커피찌꺼기를 만나게 하라

상토와 커피찌꺼기를 한 몸으로 섞으면?
신통방통한 텃밭 자재가 된다. 씨앗 뿌린 후 복토용 흙으로 활용해보라. 두 마리 토끼를 잡을 수 있다. 발아율은 올라가고 벌레 피해는 줄어들기에 하는 소리다. 특히 작살 같은 햇살이 촘촘하게 꽂히는 한 여름에 유용하다.

열무를 예로 들겠다. 아스팔트조차 휘청대는 무더운 날에는 재배하기 어려운 작물이 바로 열무다. 발아율이 떨어지는 데다 떡잎이 올라온다 하더라도 톡토기 공격을 막아내기 어렵기 때문이다. 이럴 때 상토와 커피찌꺼기를 섞어 복토용으로 활용해보라. 상토의 보습력과 커피찌꺼기가 내뱉는 커피 향의 상호작

100

용으로 위에 열거한 문제점이 토닥토닥 다스려진다. 커피찌꺼기의 톡토기 퇴치 효과는 믿을만하다.

상토와 커피찌꺼기 혼합 비율은 1:1이다. 딱히 과학적 근거가 있는 건 아니다. 내 경험치 일 뿐이니 비율의 변동에 예민할 필요는 없다.

사용할 커피찌꺼기는 굳이 말리지 않아도 좋다. 커피숍에서 배출한 상태 그대로 사용해도 문제 될 게 없다는 뜻이다. 발아 이후에는 커가는 열무 골 사이로 틈틈이 생 커피찌꺼기를 단독으로 뿌린다. 톡토기 방제를 지속할 수 있다.

텃밭에서는 커피찌꺼기도 자원이다. 흙으로 돌려준다는 의미에서도 칭찬받을만하다. 환경운동가가 따로 있는 게 아니다. 커피찌꺼기를 활용하는 텃밭농부가 선봉장이다.

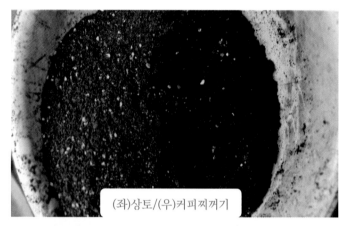

(좌)상토/(우)커피찌꺼기

혼합한 상태

열무 씨앗 파종 모습

상토+커피찌꺼기 혼합물로 복토한 모습

발아 후 성장 모습

벌레 피해 없이 말끔하다

햇볕이 강할 땐 한랭사를 씌우자

상토와 커피찌꺼기가 만나면

상토와 커피찌꺼기를 만나게 하라고 했었다.

그 효능을 다시 한번 칭찬한다. 커피찌꺼기가 벌레 퇴치에 기여하고 상토는 발아와 초기 성장을 돕는다고 본다. 파종 후 상토와 커피찌꺼기 혼합물로 복토했더니 올라오는 새싹들 모두 농약이라도 친 것처럼 깨끗하고 싱싱하다.

텃밭농부 모두가 적극 활용하면 좋겠다. 어려울 것 없다. 두재료를 구해다 섞는 노력 정도면 족하다. 자세한 작업과정은 앞글을 참고하면 된다. 아래 사진은 열무 파종부터 성장과정의 사진이다. 커피찌꺼기도 자원이다. 알뜰하게 모아 쓰자.

열무 씨앗 파종

상토+커피찌꺼기 혼합물로 복토

풀 멀칭(수분 증발 억제)

발아 후 생커피찌꺼기를 뿌린 모습

싱싱하게 자라는 모습

벌레 피해 없이 깨끗하다

믿는 자에게 소출이 있나니

믿는 자에게 소출이 있나니.

성경 말씀이 아니다. 커피찌꺼기 효능에 대한 찬사의 표현이다. "상토와 커피찌꺼기를 만나게 하라" 라는 제목으로 올린 글에서 소개한 바 있지만 상토와 커피찌꺼기를 혼합하면 끝내주는 복토용 자재가 됨을 다시 한번 확인했다.

파종한 씨앗의 발아율은 상승하고 벌레 피해는 줄어든다. 특히 새 머리도 벗겨질 정도로 달궈진 여름에 효험이 크다. 김장무와 배추 씨앗을 넣은 후 상토와 커피찌꺼기 혼합물로 복토했었다. 결과는 감탄 수준이다. 벌레에 뜯긴 새싹이 안보일 정도로 말끔했다. 힘차게 녹색 깃을 올린 새싹들이 그 증거다.

상토의 보습력과 커피 향의 벌레 퇴치 효과가 복합적으로 나타난 결과로 확신한다. 상토와 커피찌꺼기의 혼합 비율은 1:1이다. 딱히 과학적 근거가 있는 건 아니다. 나만의 경험치다. 이후로 틈틈이 새싹 주변으로 커피찌꺼기를 뿌려준다.

커피찌꺼기는 커피숍에서 배출한 상태 그대로 사용해도 좋다. 배추는 파종부터 수확 때까지 방충망을 씌우길 권한다. 배추흰나비의 접근을 막기 위한 조처다. 배추흰나비는 커피찌꺼기 향을 겁내지 않는다는 사실을 반드시 기억하자. 김장 농사는 커피 향과 함께 하자. 농약의 유혹을 뿌리칠 수 있다.

(좌)커피찌꺼기/(우)상토

무 씨앗 파종 모습

무 씨앗 발아 모습

무 성장 모습

성장 과정에 커피찌꺼기 뿌린 모습

성장 과정에 커피찌꺼기 뿌린 모습

배추 씨앗 발아 모습

발아 후 커피찌꺼기 뿌린 모습

파종 후 커피찌꺼기+상토 혼합물로 복토한 모습

방충망 씌운 모습

뿌리니 좋더라

흙은 따뜻해지고 작물은 느긋해진다.

작물 밑에 커피찌꺼기를 뿌리면 나타나는 효과다. 양파 밭도 상추 밭도 콩밭에서도 차별은 없다. 뿌려진 커피찌꺼기는 흙을 검게 물들여 햇볕을 끌어오고 낮고 진하게 가라앉는 커피 향에 벌레들의 꽁무니 빼는 몸짓이 소란하다. 흙이 따뜻해지고 작물이 편안해지는 이유다.

커피찌꺼기는 착한 유기물이다. 흙으로 돌려주자. 탄소중립이란 게 별거 아니다. 텃밭에서 실천할 수 있다.

양파밭

상추밭

커피찌꺼기를 하이킥한 생명들

씨앗을 묻고 커피찌꺼기로 덮으면?
걱정하지 말자. 하이킥으로 돌려세울 수 있다. 싹이 올라온다.
생육도 순조롭다. 단, 실내에선 햇빛 부족으로 웃자란다. 지금
까지의 과정을 정리하면 이렇다.

작년 늦가을, 결명자와 고추 씨앗이 거실에서 크고 있는 행운
목 화분 안으로 잠입했다. 정확히는 방바닥에 떨어진 씨앗을 내
손으로 집어넣은 거다. 이듬해 초, 둘 다 발아했다. 실험 삼아
떡잎이 나오자마자 2㎝ 두께로 커피찌꺼기를 덮었다. 커피찌꺼
기는 곰팡이가 약간 핀 상태였다.

119

두 번째 실험 대상이 흰강낭콩이다. 미리 싹을 틔운 2알을 넣었다. 닷새 만에 먹장 같은 커피찌꺼기 층을 뚫고 떡잎이 솟았다. 오염되지 않은 연두의 향연이다.

세 번째 주자는 마늘이다. 주아에서 통마늘로 변신한 후, 겨우내 아파트 거실에서 뒹굴던 녀석이었다. 때가 된 줄 어떻게 알았을까? 촉을 내밀었다. 이렇게 싹이 튼 마늘도 커피찌꺼기 층 아래로 밀어 넣었다. 결과는? 기대 이상이다. 일주일 만에 쑥쑥 밀고 올라왔다. 빙글빙글 돌며 올라오는 볼트 같았다.

흰강낭콩은 꽃도 피웠다. 당연히 흰색이다. 이파리 모두는 창가를 향해 몸의 각도를 직각으로 꺾었다. 햇빛 향한 열망의 발로다. 꼬투리도 매달았다. 충실한 삶의 여정을 본다. 숙연하다.

마늘은 웃자라다 못해 좌측으로 쓰러졌다. 햇빛에 목말랐기 때문이다. 햇빛이야말로 식물의 밥이자 생명줄임을 새삼 깨닫는다.

지금까지 실험한 내용을 정리하면 이렇다. 흙 표면을 덮은 커피찌꺼기는 작물의 발아와 생육에 지장을 안 준다는 사실이다. 되려 도움으로 작용한다고 볼 수 있다. 노지 텃밭에서도 결과는 동일하다. 검은 카펫처럼 깔린 커피찌꺼기 층을 뚫고 올라온 돌나물이 그 대변자다. 마늘도 뒤지지 않는다. 오히려 힘이 넘쳐 보였다.

마늘 밭은 작년 늦가을 커피찌꺼기와 버섯폐배지 혼합물로 덮었었다.(부피로 1:1)이 대목에서 꼭 유념할 게 있다. 커피찌꺼기를 땅속에 넣은 게 아니라는 점이다. 지표면에 흩뿌리는 거다. 커피찌꺼기야말로 요긴한 텃밭 자원이다.

유기물 함량 30%, 탄질률 20, 인산 함량은 4%다. 그냥 쓰레기로 버리기엔 너무나 아까운 식물의 밥이다. 얻어다 쓰자. 공짜다.

(위)결명자/(아래)고추

흰강낭콩 떡잎

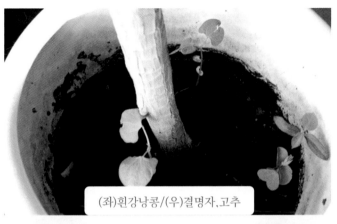

(좌)흰강낭콩/(우)결명자,고추

커피찌꺼기를 뚫고 올라 온 돌나물

커피찌꺼기를 뚫고 올라 마늘싹

햇볕 땡기는 법

동지(冬至). 해 길이가 제일 짧은 날이다.

계절이 한 겨울로 파고들었다는 의미이기도 하다. 지금이야말로 한 줌의 햇볕도 아쉬울 때다. 씨마늘이 움츠리고 있는 텃밭은 더욱 그렇다. 이곳으로 햇볕을 땡길수는 없을까. 가능하다. 검은 옷을 입히면 된다. 까만 색이 햇볕을 모은다는 점을 상기하자.

그렇다고 검정 비닐을 씌우는 건 제외다. 커피찌꺼기가 그 역할을 담당할 수 있다. 검은 보자기 두르듯 마늘 밭에 골고루 뿌리는 노력이면 된다. 검정 페인트 칠하는 효과를 기대할 수 있다. 검게 마른 참깨대나 들깻잎을 마늘 밭에 뿌리는 일도 다

125

그런 이유다.

 어제 시도했다. 한 평이 조금 넘는 마늘 밭에 생 커피찌꺼기 30㎏을 뿌렸다. 일종의 피복(멀칭)인 셈이다. 하지만 두께는 1㎝를 채 넘지 않는다. 포대 퇴비로 치면 한 포 반 분량이다.

 겨울이라 벌레 걱정은 없지만 내년 봄까지도 저 마늘 밭에서는 커피 향이 꿈틀댈 테니 예방 효과는 있을 거로 본다. 확실한 점은 또 있다. 느릿하게 거름으로 순환되었다가 최종 흙으로 돌아간다는 사실이다. 이 점 하나 만으로도 커피찌꺼기 뿌림은 칭찬받을 수 있다. 내년 여름엔 웃자. 통통한 마늘과 마주할 수 있다.

 겨울철 밭 표면에 커피찌꺼기를 뿌리면 피복(멀칭) 효과가 있다고 본다. 벌레 퇴치에도 분명 도움이 된다. 이 점만으로도 마늘 밭과 양파 밭에 커피찌꺼기 뿌림의 노력은 충분히 보상을 받는 셈이다. 마늘 밭이 따뜻해진다

마늘밭에 커피찌꺼기를 뿌린 모습

마늘 새싹

127

부천 상동호수공원

그 곳에 농업공원이 있다.

초가집으로 꾸민 농경문화체험장과 스무 평 남짓의 둠벙 같은 논 5개와 정원텃밭 50여 개가 어우러져 시골 정취가 깊게 묻어난다. 서울외곽고속도로 쪽 제1주차장 옆에 위치한다. 그 중 정원텃밭이 으뜸이다.

정원텃밭이란 말 그대로 정원처럼 가꾼 텃밭이라서 붙여진 이름이다. 나무와 꽃, 풀과 작물, 벌레와 사람이 더불어 산다. 모든 생명이 공생하는 장소인 셈이다. 이곳에 들어서면 누구라도 배터리 닳은 시계처럼 발걸음이 느려진다. 텃밭 가운데에 나지막이 자리 잡은 꽃들의 재잘거림과 붕붕 벌들의 부지런함이

시간의 흐름을 빼앗기 때문이다.

정원텃밭의 농사짓는 방식은 조금은 특이하다. 관행농사와 반대로 생각하면 된다. 우선은 밭을 갈지 않는다. 토양 속 생명체와 함께 하기 위해서다. 흙을 수탈하지 않겠다는 배려도 깔려 있다. 토양의 숨구멍을 틀어막는 검정 비닐도 쓰지 않는다. 대신 연중 풀 옷을 입힌다. 텃밭이 숲처럼 자연스러운 이유다.

단작농사 또한 딴 나라 얘기다. 생산성이 목표가 아니니 문제될 게 없고 섞여 있어야 보기에도 좋으니 그렇게 한다. 모든 생명체가 삶을 공유한다. 내세울 건 또 있다. 텃밭에서 커피 향이 폴폴 솟는다는 점이다. 신기하지 않은가? 그 내막은 이렇다.

농업공원은 매주 토요일 아침 토요농부학교를 연다. 정원텃밭에 참여하는 시민운영단을 대상으로 생태적인 농사법을 소개하고 실천으로 이끄는 게 목적이다. 오늘의 주제는 커피찌꺼기를 퇴비로 활용하는 방법의 소개다.

요지는 이렇다. 우리나라가 커피 소비 대국으로 커피찌꺼기만

연간 15만 톤을 배출한다. 이를 버리지 말고 텃밭의 자원으로 쓰자는 거다.

활용 방법은 간단하다. 그냥 '밭에 흩어 뿌려라' 다. 커피숍에서 금방 배출한 것도 상관없고 오래 두어 얼룩덜룩 곰팡이 핀 것도 문제 될 게 없다. 이렇게 뿌렸을 때 나타나는 가장 큰 효과는 벌레 퇴치다. 특히 톡토기 피해가 눈에 띄게 줄어든다.

그 다음이 퇴비로의 기능이다. 시간은 걸리지만 조금씩 천천히 분해되어 작물의 양분으로 기여한다. 이때 기억할 게 있다. 헐벗은 맨땅보다는 유기물로 덮은 곳에 뿌리자는 거다. 보다 효과적이기 때문이다. 작물 뿌리 주변으로 뿌리는 것으로 작업은 끝이다.

텃밭농사는 몸으로 배우는 학문이다. 그를 증명하듯 참여자 모두가 실행에 옮긴다. 손길 가는 곳마다 커피 향은 쏟아지고 참여자들의 달뜬 웃음이 보태져 정원텃밭은 붕붕 떠오른다.

정원텃밭에 허리를 굽히는 순간 참여자 스스로 한련화가 되어 붉어지고 싱그러운 상추와도 한 몸이 된다. 이 순간만큼은 얼굴에 고인 모든 미소가 꽃으로 피어난다.

이렇듯 시민들의 참여 속에 가꿔지는 정원텃밭은 토요일마다 커피 향이 무한정 달라붙는 명소가 되었다. 누구라도 언제라도 발걸음 하길 권한다.

곳간에서 인심 나듯

계절이 대한(大寒)을 건넌지 불과 이틀인데 텃밭농부의 마음은 벌써부터 벌렁거린다. 놀면 뭐 하나. 커피찌꺼기 두 자루와 건강원에서 배출한 각종 약재찌꺼기와 음식물찌꺼기를 싣고 밭으로 갔다.

조금 허술하게 겨울을 나고 있는 텃밭 일부가 눈에 밟혔기 때문이다. 덮어주기로 했다. 곳간에서 인심 난다는 말은 헛된 말이 아니다. 당연히 덮은 곳에서 땅심 나는 법이다. 땅심이란 뭔가? 참 먹거리의 출발점이다. 지구 생태계 건강의 근원이기도 하다.

136

커피찌꺼기와 깻묵을 같은 비율로 섞었다. 노출된 겉흙에 뿌려줄 영양분이다. 대상지 표면에 음식물찌꺼기를 편 후 그 위에 커피찌꺼기와 깻묵 혼합물을 뿌렸다. 밑밥을 깐 셈이다. 그 위를 건강원에서 배출한 각종 약재찌꺼기로 덮었다. 호박 부스러기, 한약재찌꺼기, 곡류 잔재물 등이다. 두께는 5㎝쯤이다.

마지막으로 낙엽 차례다. 주변에 나뒹구는 가랑잎이 모두 끌려왔다. 군대 참호 위장하듯 덮었다. 한결 아늑해 보인다. 이곳엔 양배추 모종을 앉힐 생각이다. 족히 두 달을 벌었다.

하지만 조금 더 서둘렀어야 했다. 작년 가을을 말한다. 이제부터 진짜 기다림이다. 그렇다고 초조할 건 없다. 봄이 오고 있다. 텃밭이 생명터다. 봄이 가장 먼저 도착하는 곳이기도 하다.

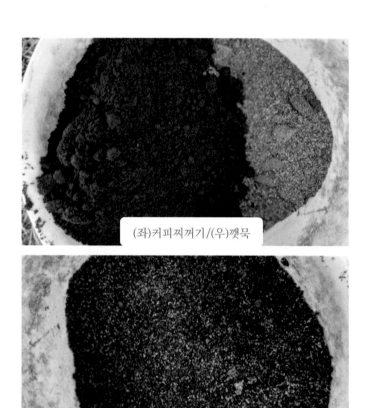

(좌)커피찌꺼기/(우)깻묵

혼합한 모습

혼합물 뿌린 모습

각종 부산물 추가

낙엽으로 마무리

무릎담요 덮어주기

소설 절기를 이끌고 동장군이 텃밭에 진입했다.
텃밭의 생명들에겐 동안거에 들라는 명령이자 천 만년 이어 온
자연의 섭리다. 그 순리에 따라 풀은 납작 엎드려 겨울날 채비
중이고 개구리는 땅속으로 파고들었으며 텃밭의 유실수는 낙엽
을 떨궈 칼바람도 스쳐갈 만큼 몸매가 홀쭉해졌다.

이때 텃밭의 유실수에게 해 줄 게 있다. 아랫도리를 덮어주는
일이다. 무릎담요를 연상하면 된다. 그렇다고 돈 들이지는 말자.
폐기성유기물이면 족하기에 하는 소리다. 공짜로 구할 수 있다
는 의미이기도 하다.

141

대표적인 게 음식물찌꺼기다. 한약재찌꺼기라면 더욱 좋다. 동네 건강원에서 배출하는 탕약찌꺼기도 환영이다. 흙으로 돌아가는 유기물이면 모두 차별 없이 유실수 밑으로 데려오자. 그 유기물로 나무밑동을 둥그렇게 감싸주자는 거다. 목도리 두르듯이 말이다.

덮는 두께는 한 자(30㎝)가 되어도 무방하다. 그 위로 커피찌꺼기도 뿌리자. 서로 어우러져 느긋하게 거름으로 변한다. 진정한 슬로푸드를 제공하는 셈이다.

이때 유의할 점이 있다. 각종 유기물이 나무 피부에 직접 닿지 않도록 한 뼘쯤 띄우는 거다. 이렇게만 해줘도 유실수에게는 두툼한 패딩점퍼를 입히는 효과가 난다.

이게 다라면 섭섭하다. 더 깊은 배려가 있다는 뜻이다. 토양미생물의 살집을 제공하는 동시에 먹이를 공급하는 거다. 애틋하고도 숭고한 작업이다. 홀랑 벗겨진 토양을 보라. 움직이는 생명체는 보이지 않는다. 거북 등 같은 흙덩어리만 무표정할 뿐이다. 덮은 곳에 생명체가 모이는 법이다.

그곳에 깃든 생명들이 서로 먹고 먹히며 싸고 쫓기는 과정에서 자연스럽게 흙은 부슬부슬 해진다. 덮어준 효과의 꼭지점이다. 이렇듯 유기물 멀칭은 분명 도랑치고 가재 잡는 일이다.

흙으로 돌려주면서 탄소중립에 기여하고 땅심도 북돋워지니 하는 소리다. 이듬해 건강한 새순과 눈 맞추는 호사는 덤이다. 이 일로 겨울 채비는 끝이다. 이젠 쉬자. 텃밭도 나도. 텃밭이 생명터다. 자원순환의 출발점이기도 하다.

145

돌고 도는 게 자연이지

자연은
돌고 도는 게 분명하다
소가 먹은 풀이 똥이 되어
흙 품에 안겼다가
풀로 환생하는 걸 보면

하늘과 땅도
이어진 게 분명하다
하늘로 올랐던 땅 속 물기가
빗물 되어 다시 흙 품에
안기는 걸 보면

생활찌꺼기 처리용

개똥 스트레스에서 벗어나는 법

음식물찌꺼기도 커피찌꺼기 속으로

찌꺼기끼리 만나게 하라

뭉치면 예술이 된다

찬밥을 따순밥으로

개똥 스트레스에서 벗어나는 법

퇴비가 무엇인가? 밥이다. 따뜻한 혈액이기도 하다. 퇴비가 물질 순환의 결정체로 불리는 이유다. 이런 퇴비의 주체가 똥이다. 개똥이라고 다르지 않다. 퇴비 재료로 쓸 수 있다는 뜻이다.

반려견이 싸 논 똥 처리 문제로 스트레스가 쌓이는가? 오늘부턴 벗어날 수 있다. 그 방법을 소개한다. 간단하다. 커피찌꺼기 속에 묻으면 된다.

우선 10ℓ쯤 되는 스티로폼 용기를 하나 주워온다. 뚜껑이 있는 게 좋다. 커피찌꺼기도 얻어온다. 스티로폼 상자에 5㎝ 두께로 커피찌꺼기를 깐 다음 그 위에 개똥을 골고루 펼친다. 생똥 그대로 넣어도 된다. 그런 다음 커피찌꺼기로 덮는다. 덮는 두께는 3㎝ 정도면 족하다. 이후 개똥이 나올 때마다 위 방식을 반복한다.

굳이 섞는 노력은 필요치 않다. 똥이 안 보일 정도로 덮으면 된다. 일주일이면 내부 발열 온도가 55도를 넘어선다. 발효가 착착 진행되고 있다는 반증이다.

나쁜 냄새 걱정은 하지 않아도 좋다. 커피찌꺼기가 품고 있는 커피 향이 강력한 탈취제 역할을 한다. 가득 차면 한갓진 곳에 두었다가 내부 온도가 실온까지 떨어지면 뒤집어준다. 이때 내부가 말라 있으면 물을 뿌려 최초 커피찌꺼기 질기 수준으로 맞춘다.

이런 조그만 수고로움이 두 마리 토끼를 잡는다. 개똥이 질 좋은 퇴비로 변화됨은 물론 환경부하 경감에도 일조하는 셈이다. 열흘 만에 뒤집기를 했다. 개똥은 대부분 분해되고 냄새도 사라졌다. 일부 똥은 고체 형태로 남아 있을 수도 있다. 개똥도 자원이다. 커피찌꺼기에 묻자. 퇴비가 된다.

개똥

바닥에 커피찌꺼기를 깔고 개똥을 펼친다

개똥 위로 커피찌꺼기를 덮는다

개똥 투입

재차 커피찌꺼기를 덮는다

뚜껑에 듬성듬성 구멍을 낸다

표면에 균사 피기 시작(7일 경과)

10일만의 모습(수분 보충 및 뒤집기)

음식물찌꺼기도 커피찌꺼기 속으로

　현대판 애물단지가 있다.

바로 음식물찌꺼기다. 집 가까이 텃밭이 딸려 있다면야 퇴비화하는 것으로 간단히 해결되지만 문제는 도심의 아파트. 발생할 때마다 종량제 봉투에 의존하거나 발효소멸기로 감량시키는 방법 외에는 별 수가 없기 때문이다.

　매번 발생하는 비용도 부담이다. 그러다 보니 환경을 생각하는 마음은 조금씩 식어가고 감각도 거북의 등처럼 무디어 간다. 어쩌면 좋은가. 모범답안 같지만 발생량을 줄여야 한다. 우리 음식 문화상 최선의 방법이라 하겠다.

어쩔 수 없을 때를 대비하여 차선의 방법을 제시한다. 커피찌꺼기 속에 켜켜이 묻는 방식이다. 지난번 블로그에 소개한 '개똥 스트레스를 벗어나는 법' 처럼 말이다. 스티로폼 용기 바닥에 커피찌꺼기를 깔고 그 위에 음식물찌꺼기를 넓게 펼친 후 재차 커피찌꺼기로 덮는 방식이다. 이를 되풀이하는 것으로 음식물찌꺼기를 퇴비로 만들 수 있다.

음식물찌꺼기를 투입할 땐 수분을 최대한 줄이도록 하자. 너무 질척하면 발효가 늦어지고 퀴퀴한 냄새가 풍길 수 있다. 아래 사진은 실제 사례다. 맨 처음 투입한 건 벗겨낸 호박껍질과 속의 일부다. 그 위를 커피찌꺼기로 덮었다. 이 작업을 반복하면 된다.

악취 걱정은 접어도 좋다. 커피찌꺼기가 다 삭혀준다. 이 삼 일쯤 지나면 발열이 시작되고 표면엔 균사가 피어난다. 미생물이 활동한다는 징조다. 닷새째 측정해보니 40℃에 육박했다.

내용 량이 적고 추운 베란다에 두다 보니 발열이 폭발적이지 않다. 그렇다고 실망하지는 말자. 발효 속도가 지연될 뿐 음식

157

물찌꺼기는 분해된다. 시간에게 맡겨두자. 한갓진 곳에 놔뒀다가 생각날 때 뒤집는 노력은 필요하다.

먹다 버린 라면찌꺼기와 반찬

커피찌꺼기로 덮은 모습

그 위로 투입한 음식물찌꺼기

커피찌꺼기로 덮은 모습

발열온도 40℃/표면에 곰팡이 출현

아파트에서는 이렇게라도 해보자. 음식물찌꺼기도 자원이 됨을 실감할 수 있다. 간에 기별도 안 가는 작은 실천이지만 더 크게 할 수 있는 자신감이 생긴다.

찌꺼기끼리 만나게 하라

수학적으로 마이너스와 마이너스를 합치면 플러스다.

즉, 가치의 변동이 생긴다. 그렇다면 찌꺼기에 찌꺼기를 더하면 어떻게 될까. 신분이 상승한다. 대표적인 게 음식물찌꺼기와 커피찌꺼기의 결합이다. 그 결과물은? 검은 보석으로 환생한다. 질 좋은 퇴비로 변신한다는 뜻이다.

이 대목에서 언급한 음식물찌꺼기란 수분을 뺀 건조물을 말한다. 음식물찌꺼기 건조물과 커피찌꺼기를 섞어 퇴비화하는 방법은 간단하고도 쉽다. 어찌 보면 믹스커피 타는 일보다 수월하다.

이렇게 해보라. 집안에 음식물찌꺼기 건조물 처리 문제로 골치가 지끈거린다면 커피찌꺼기와 섞어라. 그런 다음 스티로폼 상자에 담아라. 이게 다다.

혼합 비율은 7:3(커피찌꺼기가 7) 기준으로 하되 투입 재료의 량이 조금 적어도 조금 많아도 문제 될 게 없지만 커피찌꺼기 투입량이 조금 많은 걸 추천한다.

수분(60%) 맞추겠다고 용쓸 필요도 없고 발효촉진제를 따로 넣지 않아도 된다. 수분은 커피찌꺼기가 머금고 있는 함량으로 족하고 발효시킬 일꾼은 음식물찌꺼기가 품고 있기 때문이다.

스티로폼 크기는 10ℓ를 추천한다. 너무 크면 취급하기에 버거울 수 있다. 박스 뚜껑엔 대여섯 개의 구멍을 내도록 한다. 발열하면서 생기는 수증기를 빼내기 위함이다. 결로 현상이 감소한다. 악취 걱정은 내려놔도 좋다. 준비과정이나 발효과정에서도 그렇다.

보관 장소에 따라 발열시간과 온도는 변화 차가 크게 난다. 실내 온도 18℃ 환경에서 혼합 닷새째 측정해보니 60℃를 육박했다. 이 상태로 나뒀다가 퇴비더미 온도가 실온 가까이 떨어지면 뒤집기를 한다.

이때 내용물 전체가 뽀송뽀송하게 말랐다면 물을 첨가하여 촉촉하게 맞춰준다. 최초 커피찌꺼기의 질기 수준이다. 뒤집기 작업은 세 번 한다. 그 후론 후숙이다. 일종의 숙성이라 보면 된다. 저런 조건이라면 석 달 안에 퇴비화는 충분하다.

이렇게 만든 퇴비는 화분에 써도 좋고 텃밭에서도 환영이다.

(좌)음식물찌꺼기 건조물/(우)커피찌꺼기

163

혼합한 모습

스티로폼 박스에 담은 모습

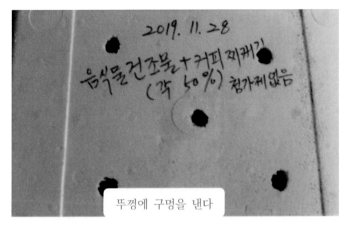

2019. 11. 28
음식물건조물 + 커피찌꺼기
(각 50%) 첨가제없음

뚜껑에 구멍을 낸다

닷새가 지난 모습이다. 발효가 활발하다. 표면에 하얗게 핀
곰팡이가 그 증거다

5일째, 발열온도가 57℃를 넘었다

마당 쓸고 돈 줍는 일이 멀리 있는 게 아니다. 환경운동도 거창할 게 없다. 찌꺼기에 찌꺼기를 더해 신분을 변화시키거나 가치를 끌어올리면 된다.

음식물찌꺼기와 커피찌꺼기가 만나 질 좋은 퇴비로 변함이 그 증거다. 찌꺼기도 자원이다. 우리 주변에 널려 있다.

뭉치면 예술이 된다

하찮아도 뭉치면 힘이 된다.

예술이 되기도 한다. 커피찌꺼기와 버섯폐배지가 스티로폼 박스 안에서 뒤섞인 지 석 달 만에 하얀 설국을 연출했다. 펑 하고 터진 목화 솜이 연상되기도 한다. 뭉침의 힘이다. 서로 합치되다 보니 군데군데 알토란 같은 근육도 툭툭 불거졌다. 이 모든 게 분해력 뛰어난 방선균이 빚은 예술품이다.

저 박스 안에서는 걸쭉한 흙 냄새가 폴폴 솟았다. 갓 비 맞은 숲에서 풍기는 냄새와 흡사하다. 이 또한 방선균이 뿜어낸 지오스민이 원천이다. 상큼했다. 커피찌꺼기가 식물의 자양분으로 변신하고 있다는 의미다. 달리 말하면 퇴비화 과정이다.

방선균이 뿜는 흙냄새는 강렬하다

최후 자존심인 커피 향 마저 떨쳐냈으니 그 진정성이 믿음직
하다. 이 모두가 버섯폐배지의 균사와 힘을 합친 결과다. 특히

바늘 끝 보다 더 뾰족한 균사들이 커피찌꺼기의 영양분을 사방에서 찌르고 들쑤신 노력이 큰 원동력으로 작용했다.

그러고 보면 융복합기술이란 게 별게 아니다. 하찮은 커피찌꺼기와 버섯폐배지를 섞으면 새로운 물질로 탄생하니 이를 융복합이라 우겨도 딴죽 걸 사람은 없겠다.

꼭 기억할 게 있다. 생명력 넘치는 농작물을 쥐고 싶다면 텃밭에 방선균을 우점시켜야 한다. 방선균이 흙의 건강을 책임지는 파수꾼 역할을 하기 때문이다.

저렇듯 커피찌꺼기와 버섯폐배지 혼합물에서 피어난 풍성한 방선균과 자양분을 텃밭으로 옮겨 놓으면 흙의 기력은 일취월장한다.

방선균 덩어리를 애써 땅속에 집어넣지 않아도 좋다. 두툼하게 덮은 유기물 멀칭 위로 뿌리는 방식으로 전환하자. 한 번으로 큰 효과를 기대하는 건 무리다. 틈나는 대로 재료가 모아지는 대로 만들어 사용하자. 텃밭의 응답을 들을 수 있다.

하찮아도 뭉치면 힘이 된다. 예술이 되기도 한다. 쓸모가 커짐은 물론이다. 텃밭에선 융복합기술이란 별거 없다. 폐기하는 유기물을 끌어 모아 뒤섞는 작업이면 충분하다. 물질은 순환하고 생태계는 살아난다. 텃밭 농부가 앞장 서자.

찬밥을 따순밥으로

커피찌꺼기와 버섯폐배지.

둘 다 폐기물이고 찬밥 신세다. 그렇지만 이 둘을 섞으면 따순밥으로 신분이 상승한다. 안전한 퇴비로 환생할 뿐만 아니라 뿌리 덮개(멀칭) 재료로도 그 활용도가 넓어진다는 의미다.

퇴비란 질소(N)와 탄소(C)가 조화롭게 만나 작물의 영양을 공급하는 검은 보약이 되는 과정이다. 이 과정에서 커피찌꺼기는 질소를 공급하는 영양원으로, 버섯폐배지는 탄소를 제공하는 에너지원이 된다. 참고로 커피찌꺼기는 질소 함량이 높고(2%) 버섯폐배지에는 톱밥이 꽉 차 있어 각기 질소와 탄소 공급 역할을 한다.

둘을 섞을 때 좋은 점이 있다. 둘 다 수분을 머금고 있어 퇴비제조 과정에서 초기 물 주는 노력을 생략해도 좋다는 사실이다. 퇴비화 과정에서 수분 공급은 필수다. 질기는 재료 전체가 촉촉한 수준이다(60%). 이런 수분 환경에서 미생물의 분해 활동이 높아지기 때문이다.

반면에 번거로움도 있다. 버섯폐배지를 감싸고 있는 비닐을 벗겨야 하고 덩어리진 몸체를 잘게 부숴야 하는 수고로움이다. 그렇지만 짜증 날 정도는 아니다. 문구용 칼 한 번으로도 비닐은 쉽게 벗길 수 있으며 부수는 작업도 소량은 고무망치로, 많은 양은 발로 밟으면 해결된다.

이후 두 재료를 골고루 섞으면 끝이다. 혼합 과정에서 굳이 혼합 비율을 따질 필요는 없다. 계산 복잡한 탄질률 맞추느라 주춤거리지도 말자. 그냥 1:1이면 편하다.

버섯폐배지 단면

비닐 벗기고 고무망치로 두드린다

많은 양은 발로 밟는다

혼합 모습(1;1)

혼합 완료

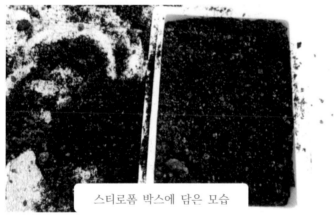

스티로폼 박스에 담은 모습

하루 만에 10℃가 올랐다

　이렇게 혼합한 재료를 커다란 용기에 담아 발효시키면 퇴비
가 될 테고 밭 위에 골고루 펴고 풀로 덮으면 빼어난 뿌리 덮
개(멀칭) 재료가 된다. 둘 다 찬밥이 따순밥이 되는 순간이다.

　풀로 덮는 이유는 수분을 유지해 버섯폐배지에 퍼져 있는 균
사의 생명력과 활동력을 극대화하기 위함이다. 시간이 지나면서
확장하는 균사는 흙 속의 품을 넓혀줄 테고 작물의 뿌리를 푸
짐하게 살찌울 게다. 수량의 증가를 기대해도 좋다.

　토양미생물에 의해 분해된 커피찌꺼기와 버섯폐배지의 일부

176

는 작물의 양분이 되고, 나머지는 땅심에 안길 것이다. 두 달
후, 저 자리엔 마늘을 입주시킬 생각이다.

곰팡이가 핀 모습

멀칭 대용으로 두둑에 펼친 모습

풀로 덮는다(수분 유지)

물을 뿌린다

이듬해 봄, 마늘 성장 모습

같이 살자

같이 살자

이 문장을 인수분해 하면

공생. 공유. 공존. 공감. 공명

한 단어씩만 주머니에 넣고 다녀도

우린 같이 살 수 있다

난 공생이다

같이 살자

이런 명함 어떤가

이런 명함 어떤가 I

이런 명함 어떤가.

미니지퍼백(가로85㎝, 세로120㎝)에 커피찌꺼기로 만든 퇴비를 담고 겉면에는 '찌꺼기도 자원이다'라는 문구가 적힌 스티커를 붙였다. 하단에는 내 이름과 전화번호도 넣었다. 명함 대용인 셈이다.

커피퇴비를 만들면서 생긴 아이디어였다. 퇴비를 통한 자원순환에 관심이 많다. 흙에서 난 유기물은 모두 흙으로 되돌려야 한다고 제법 목청을 높이는 편이다. 흙을 살리고 환경 부하도 줄일 수 있다는 굳건한 믿음 때문이다. 이런 자원순환 운동이 탄소중립 정책에도 기여한다고 본다.

커피퇴비는 집안의 화분에 쓰면 제격이다. 분갈이 할 때나 웃거름용으로 부담이 없고 은은하게 커피 향이 배어 있어 맨손으로 만져도 상쾌하다.

커피퇴비는 내 손으로 발효시켰고 카피 문구 또한 내 머릿속에서 나왔으니 오롯하고 흐뭇하다. 저 미미한 아이디어가 누군가를 통해 더욱 확장되고 쓰임새 또한 넓어지길 기대한다.

이런 명함 어떤가II

커피퇴비로 만든 나만의 명함의 재질과 디자인을 바꿨다. 크라프트 재질로 폭10㎝, 길이15㎝인 지퍼백이다. 하단부엔 3㎝ 넓이의 투명창이 있어 내용물을 볼 수 있는 구조로 커피퇴비 50g을 담을 수 있는 크기다. 휴대성도 무난하다.

스티커 디자인도 변경했다. 사각에서 원형으로 부드러움을 살렸고 스티커 하단에 내 블로그 명도 표기했다. 한결 고급스러운 느낌이다. 보기 좋은 떡이 먹기도 좋다고 했듯 받는 사람에 대한 일종의 배려심도 작용했다.

하지만 이렇게 바꾼 진정한 의도는 자원순환에 대한 생각과 실천의 넓힘에 있다. 누구나, 작게, 쉽게, 꾸준히 할 수 있기에 그렇다.

300개를 준비했다. 그렇다고 막 뿌리지는 않을 생각이다. 공감하고 행동할 사람에게 건네야 옳다. 하루빨리 소진되길 바란다. 덩달아 커피 퇴비 만드는 손길도 분주해지길 희망한다.

봉이 김선달이 되는 법

흙냄새.

태초의 향기다. 마음에 고인 고향의 내음이기도 하다. 이 흙 냄새를 '페트리코'라고 한다. 건강한 땅이 비를 품을 때 한숨처럼 토해내는 향으로 일종의 화학반응 물질이다.

흙 냄새의 근원은 방선균이다. 방선균 속의 지오스민이 수분을 만나면 흙 냄새를 발산하는 데 울창하고 촉촉한 숲 속에 낮고 짙게 깔려있다.

방선균은 흙의 건강을 이끄는 선봉장이다. 웬만한 병원성 세균은 무릎을 꿇는 게 그 증거다. 고양이 앞에 쥐로 이해하면 된다.

방선균이 우점한 토양은 농약이 거추장스럽다. 방선균 스스로가 예방하고 치유하고 다스리는 힘을 가졌기 때문이다. 스트랩토마이신의 원료로 쓰이는 것도 다 그런 이유다.

항해사들은 흙 냄새가 코 끝에서 어른거리면 육지가 가까워졌음을 직감한다. 마음에 적셔 둔 원초적 향이자 뿌리 깊은 고향의 내음이기 때문이리라.

이런 흙 냄새와 늘 가까이하는 방법이 있다. 커피찌꺼기를 발효시켜 향이 배어 나오는 주머니에 담으면 된다. 옛날 사향주머니처럼 말이다. 일명 토향주머니다.

이 토향주머니를 벗은 마스크 위에 올려 보라. 마스크에 밴 퀴퀴함은 가라앉고 흙 냄새가 마스크 면에 올올이 박혀서 다시 쓸 때 개운하다. 탈취 효과가 제법이란 얘기다.

커피퇴비를 담은 토향주머니

신발장에도 책가방에도 넣어보라. 허접한 향수보다 훨씬 상큼하고 풋풋한 흙 내음이 폐부로 쑥쑥 밀고 들어온다.

각설하고, 봉이 김선달이 대동강 물을 판 것처럼 흙 냄새를 상품화하는 걸 모색 중이다. 산소도 파는 세상이니 그 가능성은 열려 있다 하겠다.

그래서 이것저것 시도는 해봤다. 아래 사진처럼 비닐지퍼백이나 비단주머니에 담아 포장성과 모양새를 가늠해 보고 코를 들이대며 흙 냄새를 감지해 보기도 했다.

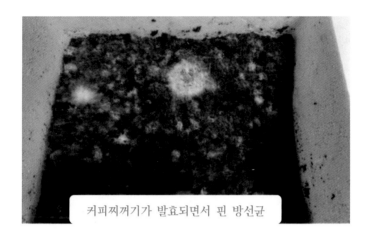

커피찌꺼기가 발효되면서 핀 방선균

이런 생각도 했었다. 이 흙 냄새야말로 원양어선 선원들에게 필요하지 않을까? 요양원에 계신 부모님 머리맡에 놔 드리는 건 어떨까? 흙 냄새로 심신을 달래는 치유농업으로 노크해 볼까? 흙 냄새를 모르는 아이들에게 교육용으로는 어떨지? 하지만 내 머리로는 여기까지가 한계다.

그래서 제안한다. 내 블로그 이웃과 흙 냄새를 상품화하는 아이디어를 키워보자고. 댓글 창에 의견을 툭툭 나누다 보면 뭐라도 되겠지. 놀면 뭐 하나. 같이 해보자. 재미있을 것 같다

커피퇴비를 담아 만든 명함

190

생활 속 커피찌꺼기

♨방향제로 쓰기

바싹 말려서 쓴다. 습기를 머금고 있으면 곰팡이가 핀다. 그늘에 펼쳐서 열흘쯤 말린 후 티백에 담고 옷장, 신발장, 냉장고 등에 넣어둔다. 전자레인지에도 유용하다. 촉촉한 커피찌꺼기를 골고루 펼쳐 깐 후 돌리면 수분이 증발하면서 냄새도 사라진다..

♨그릇의 기름때를 제거할 때

수세미나 얇은 천에 커피찌꺼기를 묻혀서 문지르면 깨끗하게 설거지가 된다.

191

♠화분용 거름으로 쓰기

커피찌꺼기엔 식물의 영양소가 골고루 들어 있어 거름 역할을 한다. 벌레 퇴치 효과도 든든하다.

♠바디 스크럽용으로

커피찌꺼기와 꿀, 물, 미용소금을 섞어서 원하는 부위에 대고 살살 문지르면 효과가 난다.

♠벌레 퇴치용으로

커피 향을 벌레들이 무서워한다. 쓰레기통이나 하수구 등에 커피찌꺼기를 뿌리면 벌레 퇴치에 효과적이다.

♠녹 제거 할 때

냄비나 프라이팬에 슨 녹을 벗길 때 유용하다. 얇은 천에 커피찌꺼기를 묻혀서 쓱쓱 닦으면 쉽게 제거할 수 있다.

♠다크서클 제거용으로

커피의 카페인 성분이 피부 속 혈관 수축에 영향을 줘 피부 톤을 향상시킨다. 커피찌꺼기에 미량의 코코넛 오일과 물을 넣어서 눈가에 바른 후 10분 지나 씻어낸다. 눈에 들어가지 않도록 주의한다.

♤셀룰라이트 축소용으로

울퉁불퉁 튀어 나온 복부나 허벅지의 셀룰라이트를 줄이고 싶을 때 이용한다. 말린 커피찌꺼기에 바디 오일을 섞어서 원하는 부위에 넓게 펴 바르고 10분간 마사지 한다.

커피찌꺼기로 짓는 텃밭농사

발행 2022년 4월 10일

지은이 | 효재 홍순덕
펴낸이 | 한건희
펴낸곳 | 주식회사 부크크
출판사등록 | 2014.07.15.(제2014-16호)
주 소 | 서울특별시 금천구 가산디지털1로 119 SK트윈타워 A동
305호
전 화 | 1670-8316
이메일 | info@bookk.co.kr
ISBN | 979-11-372-7869-1
www.bookk.co.kr